潜入《せんにゅう》！ 4 世紀の発明はここで生まれた！——ビル・ゲイツほか

天才科学者の実《じっ》験《けん》室《しつ》

わたしたちが
紹介《しょうかい》するよ
Dr.シュガー
COBON《こぼん》ちゃん

佐藤文隆 編著　くさばよしみ 著　たなべたい 絵

目　次

汐《ちょう》文《ぶん》社《しゃ》

楽しみをみんなに

ゲーム、マンガ、音楽、スポーツ、動画…楽しいことも発明で進化してきた。映画《えいが》、テレビ、コンピューターといった技術《ぎじゅつ》が次つぎ発明されて新しい楽しみが生まれ、限《かぎ》られた人だけでなく、だれでも楽しめるようになったんだ。

印刷《いんさつ》

それまでは、一つひとつ手で書き写していたんだよ

グーテンベルク
1398？～1468

印刷技術《いんさつぎじゅつ》を発明して、多くの人が本を読めるようになった。

蓄音機《ちくおんき》

音が出るスピーカーも、わたしが発明したんだ

エジソン
1847～1931

音を記録《きろく》して再生《さいせい》する装置《そうち》を発明した。

映画《えいが》

みんな大喜《よろこ》びだったよ！

リュミエール兄弟
兄1862～1954
弟1864～1948

動く絵を大きなスクリーンに映《うつ》すことに成功《せいこう》した。

テレビ

遠くのできごとが目の前に映《うつ》ったから、みんなびっくりさ！

ベアード
1888～1946

世界ではじめて、テレビに映像《えいぞう》を映《うつ》した。

液晶《えきしょう》ディスプレイ

タッチパネルでカンタンに操作《そうさ》できるのも、ぼくの発明のおかげなんだ

ハイルマイヤー
1936～2014

うすくて軽い画面「液晶《えきしょう》ディスプレイ」を発明した。

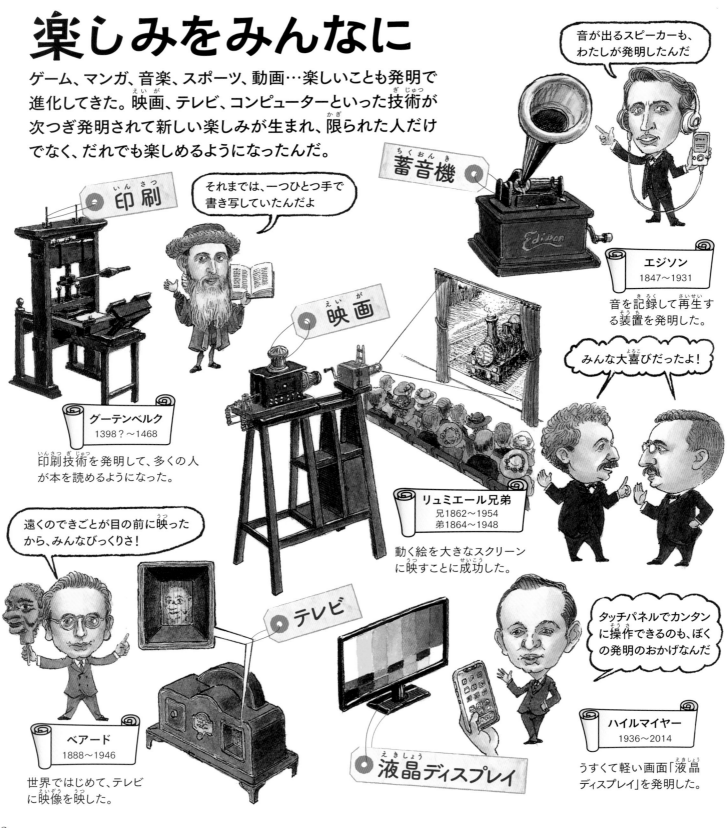

発明で楽しみが広がった

いっぱいの人だね
ワ
ワ
ワ
ワ
あ、テレビ中継《ちゅうけい》しているよ!
ZAF
GBR
FRA
USA
JPN
ここに来なくても、世界中の人が見られるんだ
テレビってすごいね
ネットにアップ
ニホンセイカ?
スゴイッ
ワオ
オオ!!
ヒトガノッテマース!!
トンデマース!!
あロボットだ!!
スポーツ観戦《かんせん》も音楽鑑賞《かんしょう》も読書も、昔は王様や貴族《きぞく》しか楽しめなかったんだ
いまは、いろんな方法《ほうほう》で多くの人が楽しめるようになったけど
こんなふうになって、100年もたっていないんだよ
LIVE
東京上空にロボ
オリンピックスタジアム
TV
UTUBU
東京上空にロボ
世界中の人が楽しんでいるんだね

タッチパネル:画面の表示《ひょうじ》にふれて操作《そうさ》する装置《そうち》。　液晶《えきしょう》ディスプレイ:テレビ、パソコン、スマホなどに用いられている、うすい画面。

リュミエール兄弟の実験室《じっけんしつ》

リュミエール兄弟は、動く映像《えいぞう》を大きなスクリーンに映《うつ》し出す装置《そうち》を発明した。これが映画《えいが》のはじまりだ。テレビやスマホの動画も、このしくみが元になっている。

映画《えいが》のしくみはパラパラマンガと同じなんだ。少しずつちがう絵を速いスピードで映《うつ》し出して、動いているように見せるんだよ。
写真銃《しゃしんじゅう》
万華鏡《まんげきょう》
パラパラマンガのような絵が動いて見えるおもちゃは、この時代からあったんだ。
間欠《かんけつ》コマ送り
弟のルイ
フェナキストスコープ
ヘリオシネグラフ
発明が成功《せいこう》したカギは、写真フィルムをカタカタとコマ送りするしかけだった。2人は、ミシンの布《ぬの》を送るしくみからひらめいたんだ。最初《さいしょ》は1秒間に16コマのスピードで送られたらしい。
ゾートロープ
ソーマトロープ
ステレオスコープ
間欠《かんけつ》コマ送りの試作品
ミシン
アーク灯《とう》（光源《こうげん》）
ポケットレンズ
ハンドル
シネマトグラフ（撮影機《さつえいき》と映写機《えいしゃき》をかねたもの）
暗箱《あんばこ》（生フィルムを入れておく箱《はこ》）
フリップブック（パラパラマンガ）
リュミエール兄弟のお父さんは、写真会社を経営《けいえい》していたんだ。それもあって、兄弟は写真のフィルムを使って動く映像《えいぞう》が作れないかと考えたようだよ。
ハンドル（フィルム巻《ま》きもどし器《き》）
カメラバッグ
三脚《さんきゃく》
レンズ
フィルム缶《かん》
これがフィルムか！
単《たん》レンズ式撮影機《しきさつえいき》
35ミリフィルム
16レンズ式撮影機《しきさつえいき》

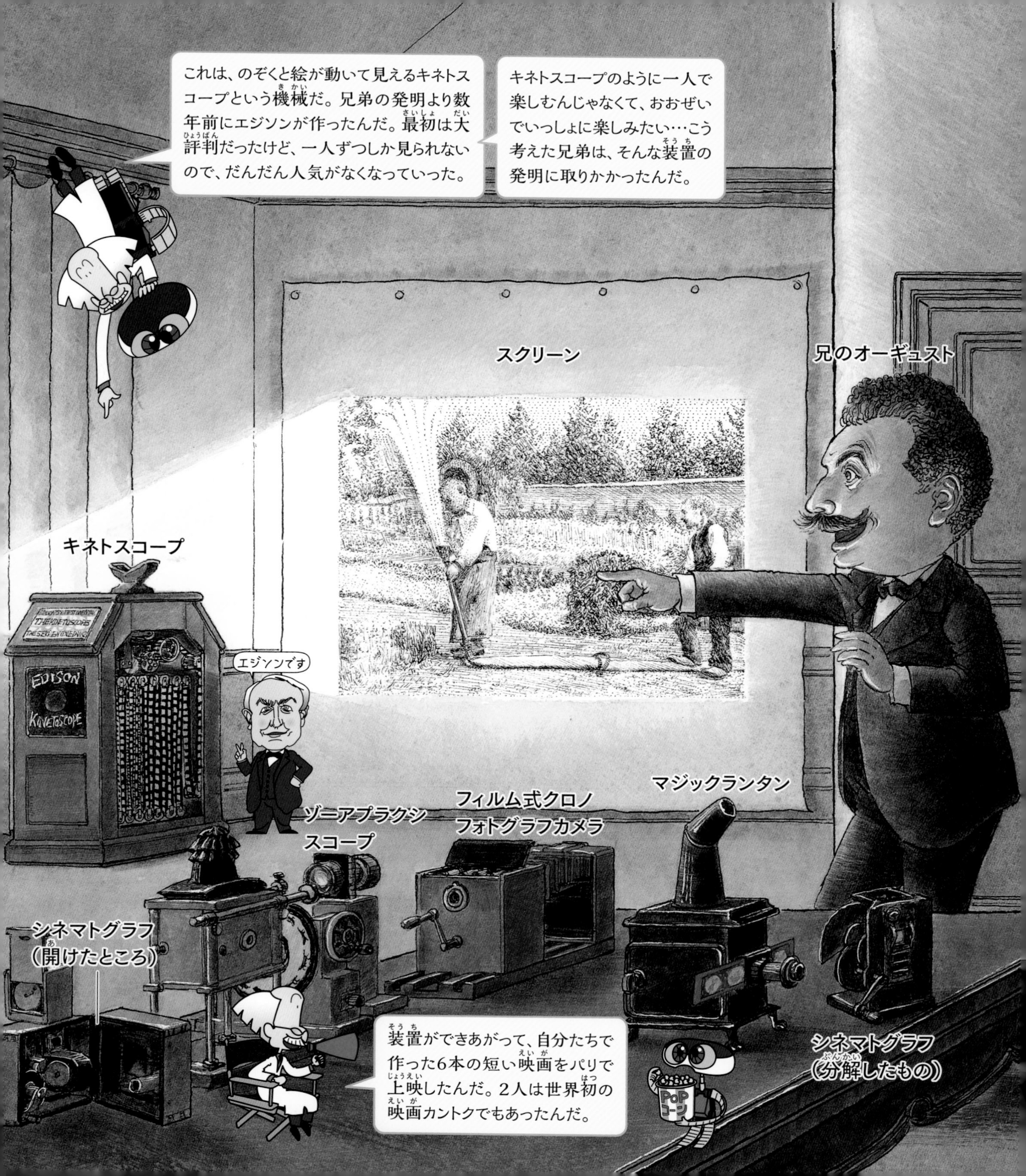

これは、のぞくと絵が動いて見えるキネトスコープという機械《きかい》だ。兄弟の発明より数年前にエジソンが作ったんだ。最初《さいしょ》は大《だい》評判《ひょうばん》だったけど、一人ずつしか見られないので、だんだん人気がなくなっていった。
キネトスコープのように一人で楽しむんじゃなくて、おおぜいでいっしょに楽しみたい…こう考えた兄弟は、そんな装置《そうち》の発明に取りかかったんだ。
スクリーン
兄のオーギュスト
キネトスコープ
EDISON
KINETOSCOPE
エジソンです
ゾーアプラクシスコープ
フィルム式クロノフォトグラフカメラ
マジックランタン
シネマトグラフ（開《あ》けたところ）
シネマトグラフ（分解《ぶんかい》したもの）
装置《そうち》ができあがって、自分たちで作った6本の短い映画《えいが》をパリで上映《じょうえい》したんだ。2人は世界初《はつ》の映画《えいが》カントクでもあったんだ。
PoP
コーン

リュミエール兄弟の発明のタネ

それは……

パラパラマンガ！

映画《えいが》のもとは、パラパラマンガだよ！

ちょっとずつちがう絵を連続《れんぞく》して見せて、動くように見せるおもちゃは、昔からあった。これが映画《えいが》のアイデアのもとなんだ。

博士の教科書らくがきだらけだね!!

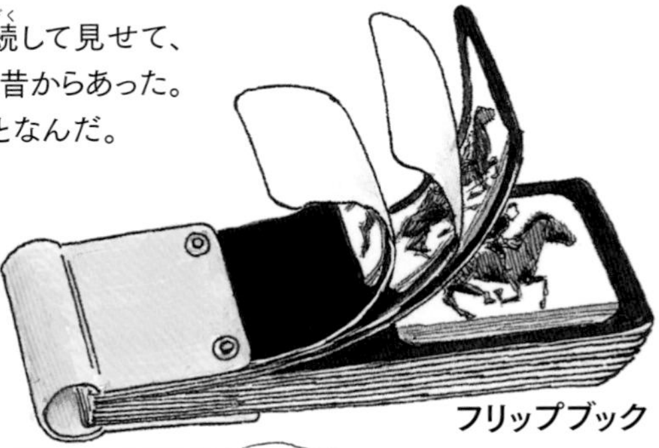

フリップブック

Ho!
Hummm!

ほかにも、こんなおもちゃがあったんだよ。

フェナキストスコープ

グルグル回して、視線《しせん》を動かさずにスリットから鏡《かがみ》に映《うつ》る絵を見るんだ

ゾートロープ

回転させて、スリットからのぞくんだ。絵は差《さ》しかえられるよ

ソーマトロープ

好《す》きな絵をかいて遊ぼう！ 用意するもの：厚紙《あつがみ》、輪《わ》ゴム2本

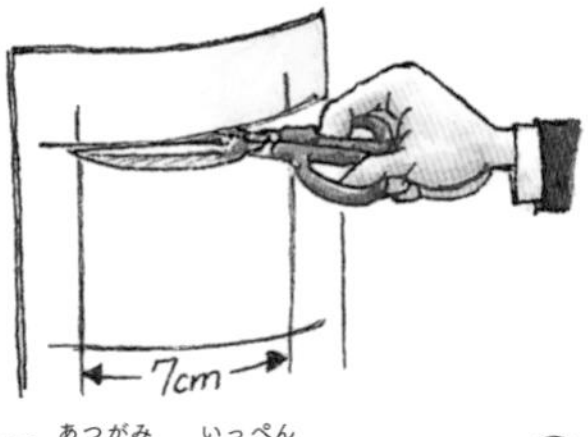
7cm

おもて
うら

フサフサだ!!

① 厚紙《あつがみ》を一辺《いっぺん》7センチくらいの四角に切る。

② 両面に、上下逆《ぎゃく》に絵をかく。

③ 両はしに穴《あな》をあけ、輪《わ》ゴムを通す。

④ 輪《わ》ゴムをたくさんねじってから、左右に引っぱる。

脳はだまされる？

人間の脳《のう》は、絵が0.03秒より速く変化すると、一枚《まい》一枚《まい》を見分けることができないんだ。だから、連続《れんぞく》した絵をもうれつなスピードで次つぎに見ると、動いているように見えてしまう。映画《えいが》も動画も、この性質《せいしつ》を利用《りよう》しているんだよ。

印刷《いんさつ》の発明が世界を変《か》えた

およそ600年前、大きなできごとがあった。それは印《いん》刷技術《さつぎじゅつ》の発明だ。たくさんの人が本を手にできるようになって知識《ちしき》が広がり、世の中に大きな影響《えいきょう》をあたえたんだ。

一人の楽しみが、みんなの楽しみに！

え?

マンガが読めるのは、グーテンベルクのおかげだよ。

それまでの本は、王様やお坊《ぼう》さんのために1冊《さつ》1冊《さつ》手で書いていたんだ。

ハンドメイド!!

グーテンベルクが活字《かつじ》とインクと印《いん》刷機《さつき》を発明して、いちどにたくさん本が作れるようになったんだ。

活字《かつじ》
インク
すご〜い

へえ!
印刷機《いんさつき》
やったね!
グーテンベルク
イイネ!!

テレビは電気じかけのパラパラマンガ

テレビカメラでとった映像《えいぞう》を、電気の信号《しんごう》に変《か》えて送るんだ。

へえ！画面には3つの色がびっしりならんでいるんだね！

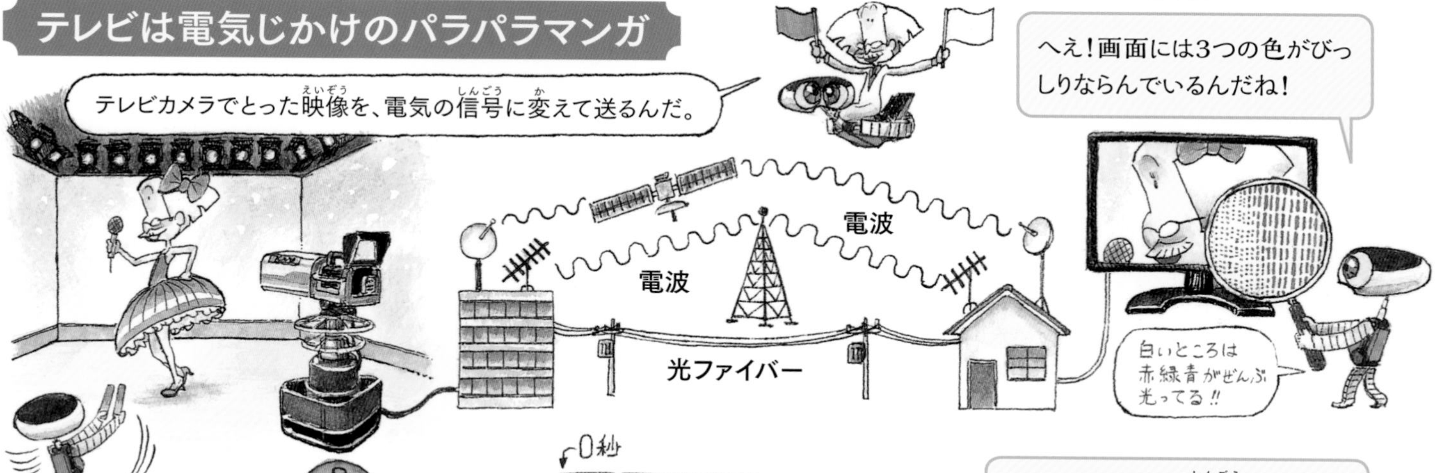
電波
電波
光ファイバー
白いところは
赤緑青がぜんぶ
光ってる!!

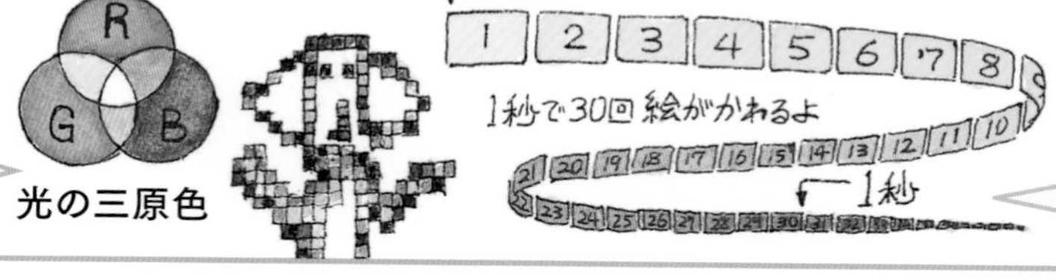
R
G
B
光の三原色
0秒
1秒で30回 絵がかわるよ
1秒

3色ですべての色が作れるんだ。

送られてきた電気信号《しんごう》にしたがって色を作り、画像《がぞう》を1枚《まい》1枚再現《まいさいげん》するんだ。そしてそれらをすごいスピードで見せていくんだよ。

活字《かつじ》：一文字ずつの、鉄製《てつせい》のハンコのようなもの。組みならべて使う。

夢《ゆめ》の乗り物

昔《むかし》は京都《きょうと》から東京までテクテク歩いて半月かかったけれど、いまは2時間ちょっとで行ける。アメリカにも飛行機《ひこうき》で8時間だ。いまや人類《じんるい》は月にまで行けるようになった。

自動車
これからはクルマの時代だ！

フォード
1863〜1947

自動車の大量生産《たいりょうせいさん》に成功《せいこう》した。

機関車《きかんしゃ》
たくさんの人や荷物を遠くまで運べるようになるぞ

スティーブンソン
1781〜1848

世界ではじめて蒸気《じょうき》機関車《きかんしゃ》を走らせた。

これで自由に空が飛《と》べる！
飛行機《ひこうき》

ライト兄弟
兄1867〜1912
弟1871〜1948

世界ではじめて、エンジンで飛《と》ぶ飛《ひ》行機《こうき》を発明した。

宇宙《うちゅう》の旅は夢《ゆめ》じゃない！
宇宙旅行《うちゅうりょこう》

ツィオルコフスキー
1857〜1935

地球から飛《と》び出すために必《ひつ》要《よう》なエネルギーを計算して、宇宙《うちゅう》に行けることを証明《しょうめい》した。

人工衛星《じんこうえいせい》もスペースシャトルも、ロケットで宇宙《うちゅう》に運ぶんだ
ロケット
宇宙《うちゅう》に行くには、まずロケットだ
ブラウン
ゴダード

ゴダードとブラウン
1882〜1945　1912〜1977

ロケットを開発して、地球を回る人工衛星《じんこうえいせい》を打ち上げた。

遠くに行きたい！

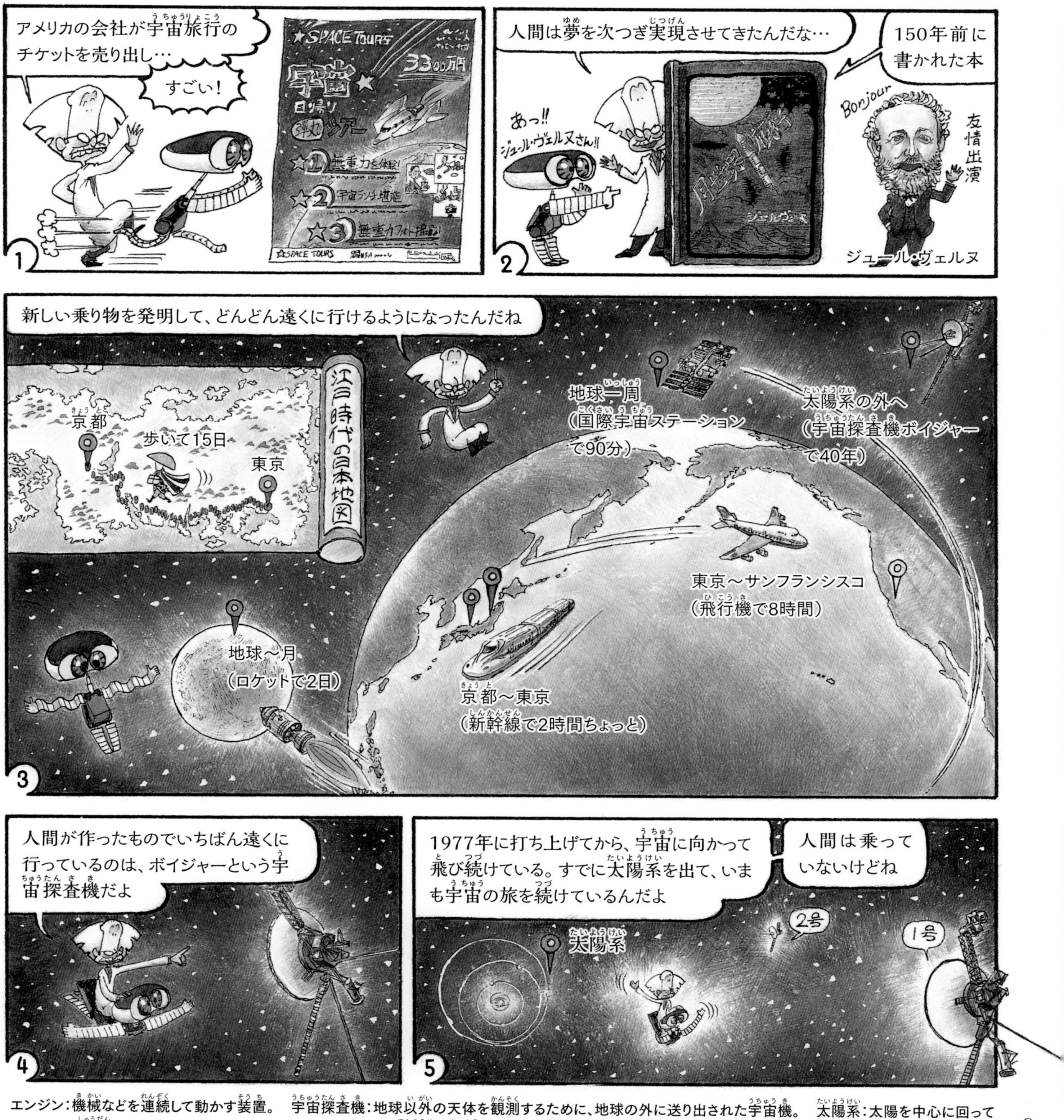
アメリカの会社が宇宙旅行《うちゅうりょこう》のチケットを売り出し…
すごい！
★SPACE TOURS
3300万円
宇宙
日帰り
弾丸ツアー
★1 無重力を体験！
★2 宇宙ランチ堪能
★3 無重力フォト撮影！
☆SPACE TOURS
人間は夢《ゆめ》を次つぎ実現《じつげん》させてきたんだな…
150年前に書かれた本
あっ!!
ジュール・ヴェルヌさん!!
Bonjour
友情出演
ジュール・ヴェルヌ
新しい乗り物を発明して、どんどん遠くに行けるようになったんだね
江戸時代の日本地図
京都《きょうと》
歩いて15日
東京
地球一周《いっしゅう》（国際《こくさい》宇宙《うちゅう》ステーションで90分）
太陽系《たいようけい》の外へ（宇宙探査機《うちゅうたんさき》ボイジャーで40年）
東京～サンフランシスコ（飛行機《ひこうき》で8時間）
地球～月（ロケットで2日）
京都《きょうと》～東京（新幹線《しんかんせん》で2時間ちょっと）
人間が作ったものでいちばん遠くに行っているのは、ボイジャーという宇《う》宙探査機《ちゅうたんさき》だよ
1977年に打ち上げてから、宇宙《うちゅう》に向かって飛《と》び続《つづ》けている。すでに太陽系《たいようけい》を出て、いまも宇宙《うちゅう》の旅を続《つづ》けているんだよ
人間は乗っていないけどね
太陽系《たいようけい》
2号
1号

エンジン：機械《きかい》などを連続《れんぞく》して動かす装置《そうち》。　宇宙探査機《うちゅうたんさき》：地球以外《いがい》の天体を観測《かんそく》するために、地球の外に送り出された宇宙機《うちゅうき》。　太陽系《たいようけい》：太陽を中心に回っている天体の集団《しゅうだん》。太陽と、水星・金星・地球・火星・木星・土星・天王星《てんのうせい》・海王星《かいおうせい》の8個《こ》の惑星《わくせい》、そしてこれらのまわりを回っている衛星《えいせい》などを合わせたもの。

ライト兄弟の実験室《じっけんしつ》

子どものころから空を飛《と》ぶ夢《ゆめ》を見てきたライト兄弟は、人類《じんるい》ではじめて自作のエンジンつき飛行機《ひこうき》で空を飛《と》んだ。

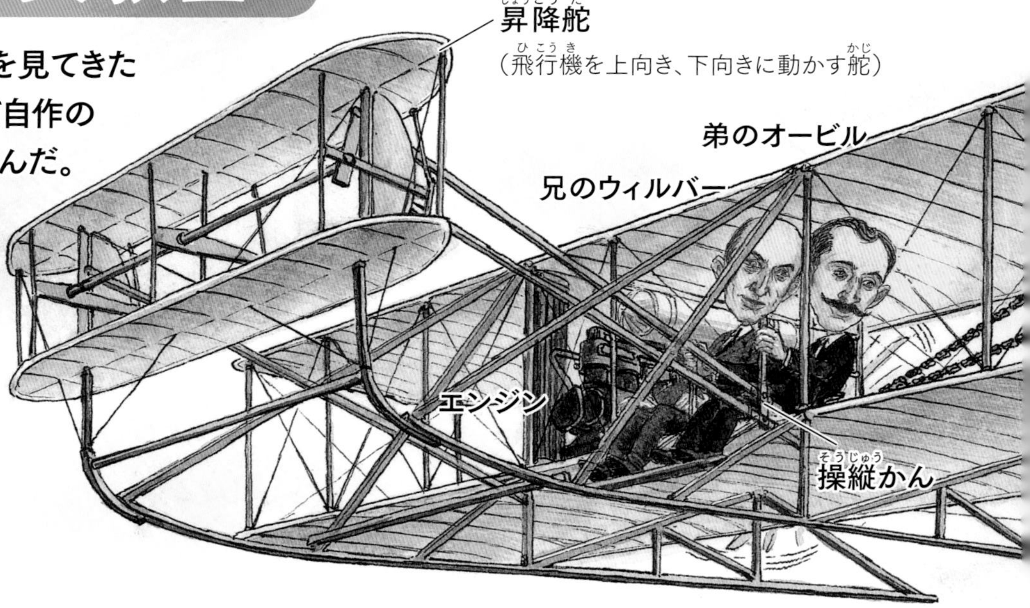

昇降舵《しょうこうだ》
（飛行機《ひこうき》を上向き、下向きに動かす舵《かじ》）
弟のオービル
兄のウィルバー
エンジン
操縦《そうじゅう》かん

人びとは昔から鳥にあこがれ、羽をつけて飛《と》びおりた人もいたし、熱気球《ねつききゅう》で空に上がった人もいた。ライト兄弟より前に、リリエンタールという飛行家《ひこうか》が、風で飛《と》ぶグライダーで250メートルも飛《と》んだんだ。

でもリリエンタールは、飛行実験《ひこうじっけん》をしているときに墜落《ついらく》して死んでしまった。それを知った兄弟は、安全で、もっと自由に飛《と》べる飛行機《ひこうき》を作ろうと、動力《どうりょく》（エンジン）つきの飛行機《ひこうき》をめざしたんだ。
料理も作っていたんだね。
寝《ね》とまりしながら、飛行《ひこう》実験《じっけん》を行ったんだ。
こわれた飛行機《ひこうき》でいっぱいだ！
何度も何度も失敗《しっぱい》をくり返し、改良《かいりょう》を重ねていったからね。
発進塔《はっしんとう》
作業小屋
缶《かん》づめ
調味料《ちょうみりょう》
卵《たまご》
格納庫《かくのうこ》
フライパン
皿《さら》
カップ
ランプ
階段《かいだん》ばしご
こわれた2枚翼《まいよく》
なべ
マフィン型《がた》
重《おも》り
パウンドケーキ型《がた》
ドライバー
いす
ポット
エンジン
りんご
ストーブ
工具箱《こうぐばこ》
テーブル
糸ノコ
メモ帳《ちょう》
かばん
マンドリン

エンジン：機械《きかい》などを連続《れんぞく》して動《うご》かす装置《そうち》。　グライダー：エンジンがついていない航空機《こうくうき》。

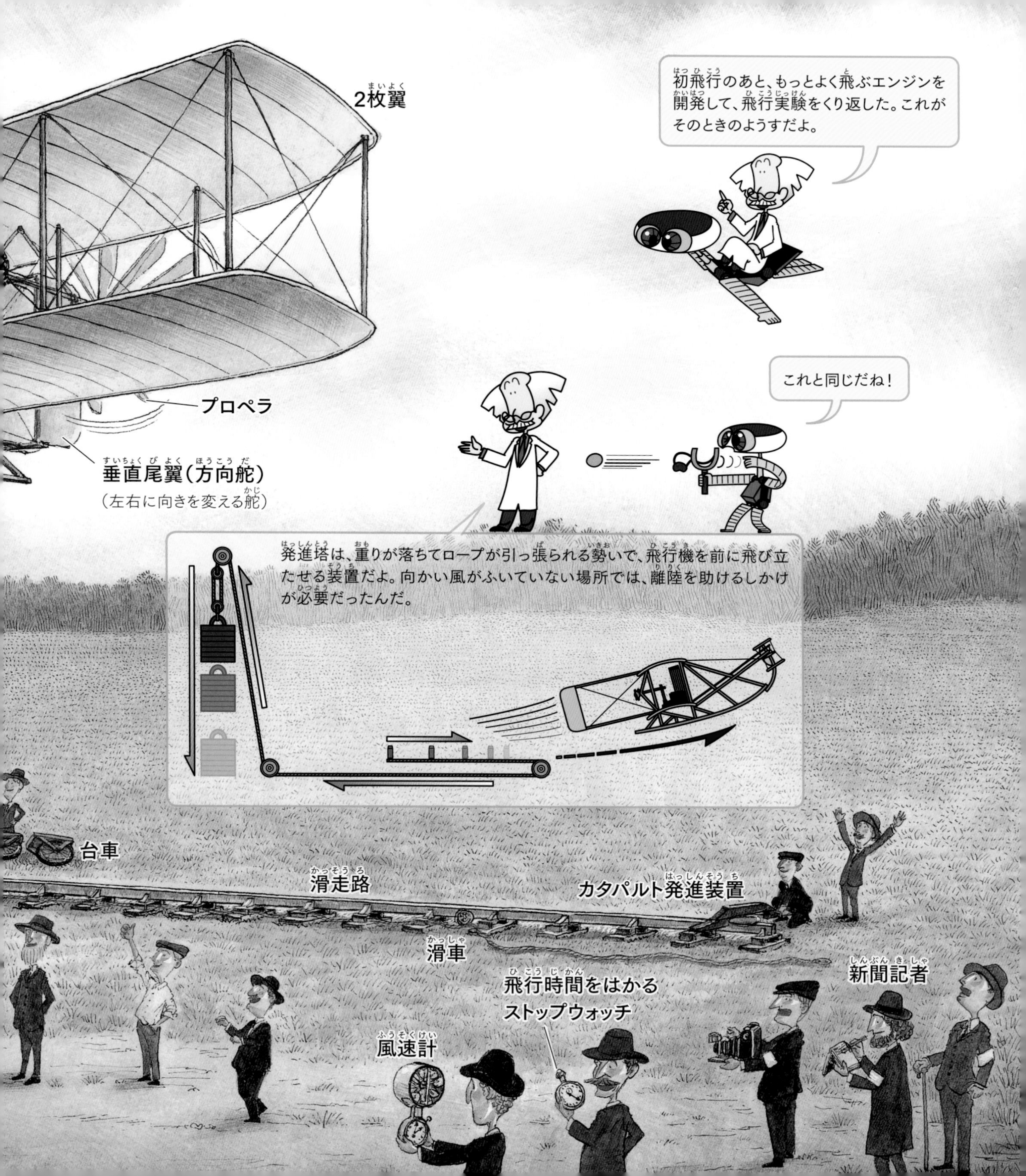
初飛行《はつひこう》のあと、もっとよく飛《と》ぶエンジンを開発《かいはつ》して、飛行実験《ひこうじっけん》をくり返した。これがそのときのようすだよ。
2枚翼《まいよく》
プロペラ
垂直尾翼《すいちょくびよく》（方向舵《ほうこうだ》）
（左右に向きを変える舵《かじ》）
これと同じだね！
発進塔《はっしんとう》は、重《おも》りが落ちてロープが引っ張《ぱ》られる勢《いきお》いで、飛行機《ひこうき》を前に飛《と》び立たせる装置《そうち》だよ。向かい風がふいていない場所では、離陸《りりく》を助けるしかけが必要《ひつよう》だったんだ。
台車
滑走路《かっそうろ》
カタパルト発進装置《はっしんそうち》
滑車《かっしゃ》
新聞記者《しんぶんきしゃ》
飛行時間《ひこうじかん》をはかる
ストップウォッチ
風速計《ふうそくけい》

ライト兄弟の発明のタネ

それは……

鳥

鳥のように飛《と》び続《つづ》けるには…
風に乗ることと、うまくバランスを取ることだ！

2人は鳥をじっくり観察《かんさつ》して、飛《と》ぶヒントをつかもうとした。

つばさの形に注目！

つばさの模型《もけい》を200点以上作り、どんな形がいちばん風に乗るかを、自転車や自作の装置《そうち》で1点ずつ実《じっ》験《けん》したんだ。

つかれる～！
風に乗るには、つばさの形が決め手だ！

この中につるして、風を流すんだよ

つばさの模型《もけい》

つばさのひねりに注目

ある日、自転車のチューブの箱をいじっていたときに思いつき、グライダーのたこを作って、操縦《そうじゅう》するしくみを考えた。

つばさをひねらせてバランスを取ればいいんだな

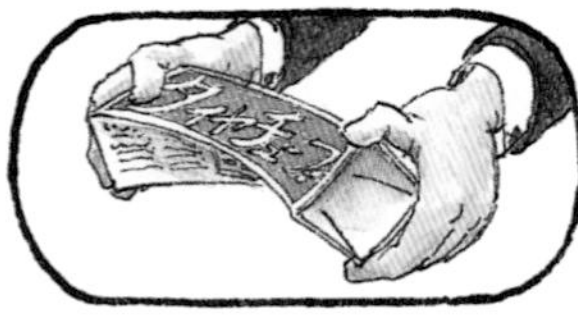

箱から思いついたんだ!!

2人は自転車屋を開いていて、熱心《ねっしん》な仕事ぶりで評判《ひょうばん》だった。店の中で、こうした実験《じっけん》をくり返したんだ。

乗り物はエンジンで進化した

ライト兄弟は、人類《じんるい》ではじめてエンジンつきの飛行機《ひこうき》を完成《かんせい》させた。エンジンでプロペラを回して、前進する力を生み出したんだ。

自動車もエンジンの力で走らせているんだよ。
らくちーん

昔は、人が引っ張《ば》っていたけれど…
フーフー

エンジンで車輪《しゃりん》が回るのは…

ガソリンのガスをばくはつさせてピストンを上下させ、その動きを車輪《しゃりん》に伝《つた》えているんだ。

①ガスがすいこまれて点火《てんか》し、ばくはつする

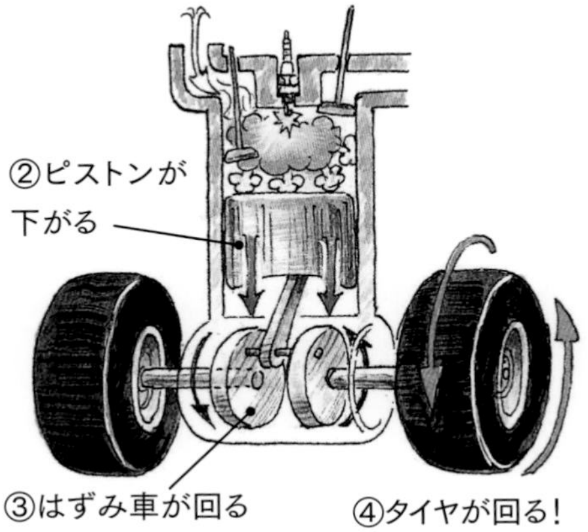
②ピストンが下がる
③はずみ車が回る
④タイヤが回る!

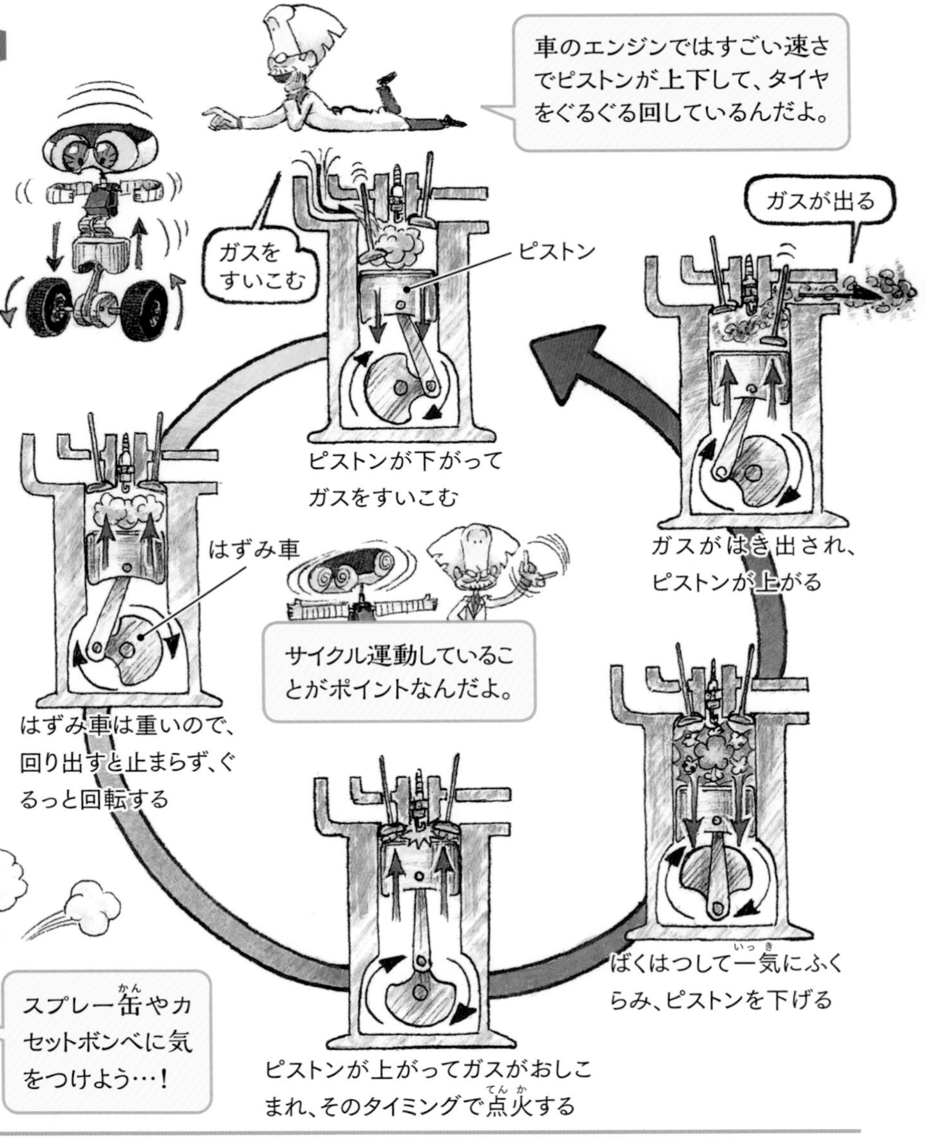
車のエンジンではすごい速さでピストンが上下して、タイヤをぐるぐる回しているんだよ。
ガスをすいこむ
ピストン
ピストンが下がってガスをすいこむ
ガスが出る
ガスがはき出され、ピストンが上がる
ばくはつして一気《いっき》にふくらみ、ピストンを下げる
ピストンが上がってガスがおしこまれ、そのタイミングで点火《てんか》する
はずみ車
はずみ車は重いので、回り出すと止まらず、ぐるっと回転する
サイクル運動していることがポイントなんだよ。

カンタンにいうと、こんな感じ。じっさいの車は、もうちょっとフクザツなしくみだけどね。
ガスに火がつくと、すごい力だね。
ガス
スプレー缶《かん》やカセットボンベに気をつけよう…!

グライダー：エンジンがついていない航空機《こうくうき》。 エンジン：機械《きかい》などを連続《れんぞく》して動かす装置《そうち》。 ピストン：つつの中で往復《おうふく》運動する装置《そうち》。 はずみ車：なめらかに回り続《つづ》けることができるように作られた車輪《しゃりん》。

世界とつながる

世界中の人とメールしたり、世界の情報《じょうほう》がすぐに手に入るなんて、ちょっと前まで想像《そうぞう》もできなかった。一人ひとりのパソコンやスマホがたがいにつながるようになったから、そんなことが可能《かのう》になったんだ。

計算機《けいさんき》

わたしのアイデアが、コンピューターの発明につながったんだよ。うまく動かなかったけどね…

バベッジ
1791～1871

世界ではじめて、計算する機械《きかい》を作った。

コンピューター

いまのコンピューターは、ぼくたちの発明がもとになっているんだ

チューリングとノイマン
1912～1954　1903～1957

人間のような頭脳《ずのう》を持つ装置《そうち》を開発した。

デジタル

パソコンやスマホで文字や映像《えいぞう》を送れるのは、ぼくのおかげさ

シャノン
1916～2001

文字や音や絵を、0と1だけであらわすアイデアを思いついた。

光ファイバー

GPS《ジーピーエス》

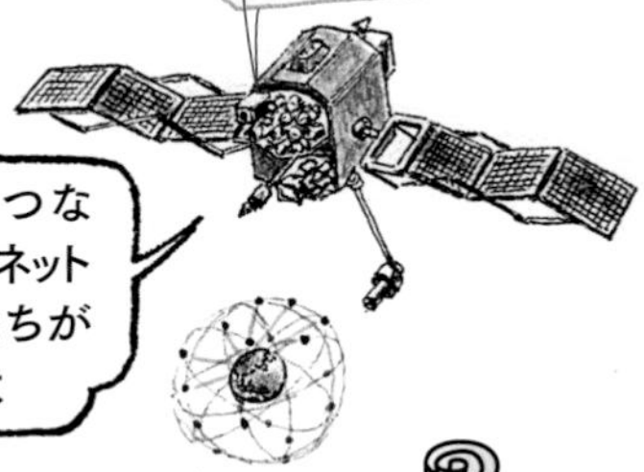

世界の人とつながるインターネットは、わたしたちが支《ささ》えているよ

光ファイバー　**GPS《ジーピーエス》**
1970～　1993～

光ファイバー：光の電線。たくさんの情《じょう》報《ほう》をすばやく運ぶ。GPS《ジーピーエス》：人工衛星《じんこうえいせい》のネットワークで地球を見張《みは》っている。

パソコン

これで世界中のだれでもコンピューターを使えるようになったんだ

ビル・ゲイツとジョブズ
1955～　1955～2011

コンピューターをかんたんに操作《そうさ》する方法《ほうほう》を開発した。

便利《べんり》なサービス

調べ物ならまかせて！

クリック一つで操作《そうさ》できるようにしたよ

世界中の人と友だちになれるよ！

家にいながら買い物ができるよ！

GAFA《ガーファ》
Google《グーグル》 1998～　Apple《アップル》 1976～
Facebook《フェイスブック》 2004～　Amazon《アマゾン》 1994～

グーグル、アップル、フェイスブック、アマゾンの4つの会社のことで、インターネットを使ったさまざまなサービスを開発した。

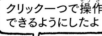

世界の情報《じょうほう》が手のひらに

お店どこだっけ？
あ、この道を曲がればいいんだ
スマホは、持ち運びできるコンピューターなんだ
ラーメンヤ ココヨ ハイル
ほんのちょっと前まで、そんな手のひらのサイズなんてなかったよ
おっ!! なつかしい!!
世界初の携帯電話
日本初のノートパソコン
コンピューターは、大量《たいりょう》の計算を速く行うマシンとして誕生《たんじょう》したんだ
デキター
人だと何年もかかる計算を、たった数秒で答えを出した
速っ!!
ミサイルや爆弾《ばくだん》を飛《と》ばす計算に使われたんだよ
最初《さいしょ》は、4階《かい》建《だ》てのビルをうめる大きさだった
それがスマホのように小さくなって、だれでも持てるようになったのは、コンピューターを動かす部品が1億《おく》分の1まで小さくなったからなんだ
お店見つけた!!
あれ….？ COBONちゃん…

デジタル：連続的《れんぞくてき》な物事を数字であらわす方法《ほうほう》。たとえばデジタル方式の時計は、針《はり》ではなく「9：45」のように数字で時刻《じこく》をあらわす。　インターネット：世界中のコンピューターをつないでいるネットワーク。　ミサイル：目標《もくひょう》に向かって飛《と》ぶ兵器《へいき》。

ビル・ゲイツの実験室《じっけんしつ》

コンピューターは最初《さいしょ》、何百億《おく》円もする大きな機械《きかい》で、特別《とくべつ》な人しかあつかえなかった。それを、ふだんの生活で使えるようにしたのがビル・ゲイツだ。19歳《さい》の大学生のときだった。

すべての机に
コンピューターを!
すべての家庭に
コンピューターを!
コレだね!!
カレンダー
DEC CPU TIME
NOTICE
ASR《エーエスアール》 33テレタイプ端末《たんまつ》
掲示板《けいじばん》
PDP《ピーディーピー》-10コンピューター
電話機《でんわき》
PDP《ピーディーピー》-1コンピューター
PDP《ピーディーピー》-10用パンチングカード
テレタイプ端末《たんまつ》用
ロール紙
電源《でんげん》ケーブル
ゲイツは「だれもがコンピューターを使う世の中にしたい」と考えて、かんたんな使い方を発明したんだ。
それまでは、コンピューター用の特別《とくべつ》なことばを覚《おぼ》えた人でないと使えなかったんだ。それをゲイツは、かんたんな操作《そうさ》で使えるようにしたんだよ。
アレンはゲイツの大親友で、コンピューターオタクだった。大学の地下のコンピューター室で、夜おそくまでああでもないこうでもないと話し合いながら、8週間で完成《かんせい》させたんだ。
ファイリングキャビネット
炭酸飲料《たんさんいんりょう》
ポーカーチップ
トランプ
ハンバーガー
ポテト

ホワイトボード
雑誌『ポピュラーエレクトロニクス』
1975年1月号の切りぬき
アレン
ハンバーガー
ダビドフ
コンピューターの解説書《かいせつしょ》
ASR《エーエスアール》 33テレタイプ端末《たんまつ》
印刷された
プログラム
DEC VT05《デックブイティー》コンピューター
コンピューターの雑誌《ざっし》
ゲイツ
フェルトペン
メモ用紙
Wang《ワーン》2200コンピューター
ゼロックスAlto《アルト》コンピューター
インテル8080
マイクロプロセッサーの
解説書《かいせつしょ》
インテル8080
マイクロプロセッサー
トラフォデータ8008
コンピューター
テープリーダー
アルテア8800コンピューター
コーラ
コーヒー
『ポピュラーエレクトロニクス』
1975年1月号
ゴミ箱《ばこ》
チェス
ボードゲーム
ピザ
ゲイツをきっかけに、世界中の人びとがコンピューターの新しい使い道をどんどん考え出して、コンピューターは世界中に広まった。今ではスマホのように小型《こがた》になって、世の中に欠《か》かせない道具になったんだ。

ビル・ゲイツの

発明のタネ

それは……

人とちがうアイデア

もっと短くてムダのない手順で、コンピューターを動かせないかな
こんなに複雑《ふくざつ》だと、ふつうの人は使えない…
だれもが、ふだんの仕事で使えるようにならないかな…

技術者《ぎじゅつしゃ》たちは、コンピューターの性能《せいのう》を高めることばかり考えていたけれど、ゲイツは新しい使い道を見つけようとしたんだ。

もっと小型《こがた》に！
もっとむずかしい計算ができるように！

最初《さいしょ》のころは、コンピューターに1＋2の計算をさせるだけでも、こんなふうに一つひとつ命令《めいれい》しないといけなかった。しかも特別《とくべつ》のことばでね。

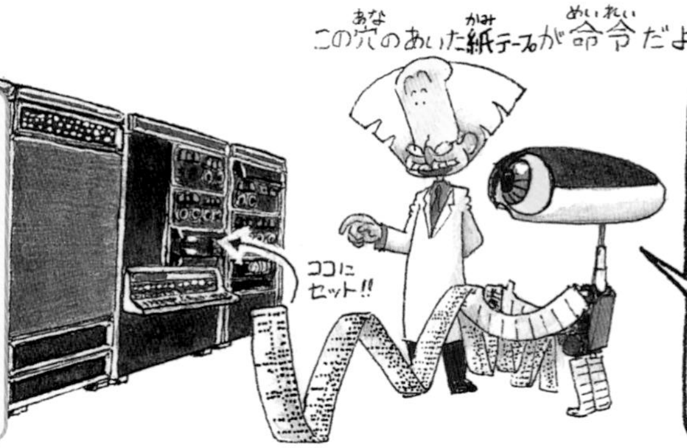

この穴《あな》のあいた紙《かみ》テープが命令《めいれい》だよ
ココにセット!!

①数字の1をノートに書きなさい。
②ノートに書いた1を覚《おぼ》えなさい。
③数字の2をノートに書きなさい。
④ノートに書いた2を覚《おぼ》えなさい。
⑤ノートに書いた数字を足しなさい。
⑥足して出てきた数字を、ノートに書きなさい。

ゲイツは、もっと短い命令《めいれい》で動かせるようにしたんだ。

アイデアで勝負！

のちにビル・ゲイツは、マイクロソフト社という会社を作り、世界でいちばん大きな会社にした。マイクロソフト社は、社員の採用試験《さいようしけん》でこんな問題を出したんだよ。

① 8個《こ》の玉のうち、1個《こ》だけ重い玉があります。てんびんを使って重い玉を探《さが》します。最《もっと》も少ない回数ではかる方法《ほうほう》と、その回数を答えなさい。

② 3リットル入るバケツと5リットル入るバケツがあります。この2つのバケツを使って4リットルをはかる、最《もっと》もかんたんな方法を答えなさい。バケツにめもりはありません。水はいくらでも使えます。

1
2
3
4
5
6
7
8
Microsoft

3ℓ
5ℓ

キミもムダのない短い手順《てじゅん》を考えてみよう！
（答えは右のページ）

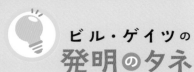

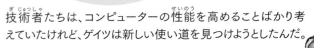

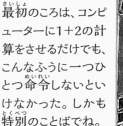

コンピューターは1と0だけで動いている

わたしたちはことばで伝《つた》え合うけれど、コンピューターがわかるのは、自分に電気が流れるか(オン)か、流れないか(オフ)だけ。だから、流れるのを1、流れないのを0として、この2つの数字の組み合わせをコンピューターのことばにしたんだ。

なんでも1と0に置《お》きかえる!

文字や数字の一つひとつに、背番号《せばんごう》みたいに数字が割《わ》り当てられているんだ。

絵や写真は小さなマスに区切られて、すべてのマスに数字がついているよ。

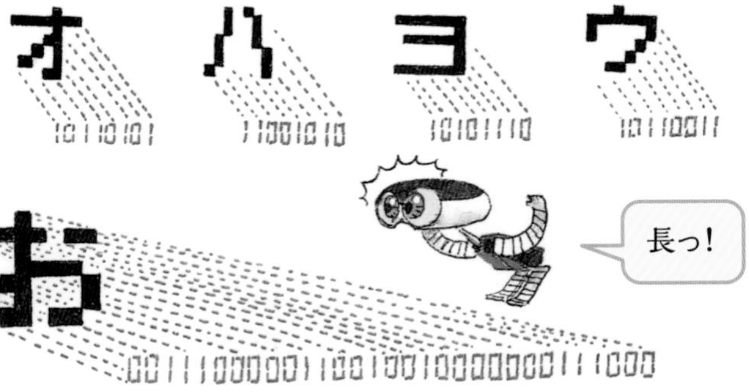

拡大図

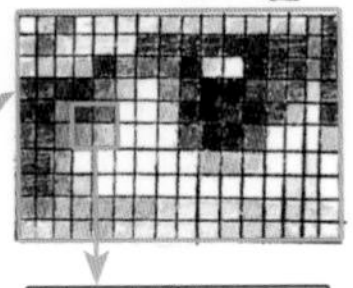

0100 (4)	0110 (6)
0111 (7)	1010 (10)

( )内の数字は色の濃さを黒(1)から白(10)までの10段階であらわしたものだよ。

採《さい》用《よう》試《し》験《けん》の答え

① てんびんではかる回数は2回。8個《こ》を①3個《こ》、②3個《こ》、③2個《こ》の3グループに分け、①と②をてんびんにのせる。どちらかが下がれば、下がったほうに重い玉があるので、下がった3個《こ》のうち2個《こ》をてんびんではかる。つり合ったら、残《のこ》した1個《こ》が重い。もし最初《さいしょ》の①と②がつり合えば、残《のこ》した③の2個《こ》のどちらかが重いので、この2個《こ》をてんびんではかる。

② 5リットルのバケツに、3リットルのバケツで2回水を入れる。すると3リットルのバケツには1リットルが残《のこ》る。5リットルのバケツを空《から》にして、3リットルのバケツに残った1リットルを入れる。さらに、3リットルのバケツで水を足すと、4リットルになる。

くらしを変《か》えた

料理《りょうり》、せんたく、そうじ…気持ちよくくらしていくために、家の仕事はたくさんある。便利《べんり》な電化製品《でんかせいひん》がなかった時代は、もっとずっとたいへんだった。

そうじ機《き》

家まで馬で引いて行って、窓《まど》からホースを入れてそうじしたんだよ

ブース
1871～1955

世界ではじめて電気そうじ機《き》を発明した。

冷蔵庫《れいぞうこ》

わたしが発明したのは、氷を作る機械《きかい》なんだ。
このしくみが、いまの冷蔵《れいぞう》庫《こ》にひきつがれているのさ

パーキンス
1766～1849

液体《えきたい》が蒸発《じょうはつ》して気体になるとき、まわりの熱《ねつ》をうばう性質《せいしつ》を利用《りよう》して、物を冷《ひ》やす装置《そうち》を開発した。

せんたく機《き》

タンクがとちゅうで逆《ぎゃく》回転するんだ。現代《げんだい》のせんたく機《き》のさきがけさ！

フィッシャー
1862～1947

電気自動せんたく機《き》を発明した。

電子《でんし》レンジ

ポップコーンで試《ため》してみて、これはいけると思ったのさ

スペンサー
1894～1970

レーダーに使うマイクロ波《は》でキャンディがとけたのを見て、ひらめいた。

インスタントラーメン

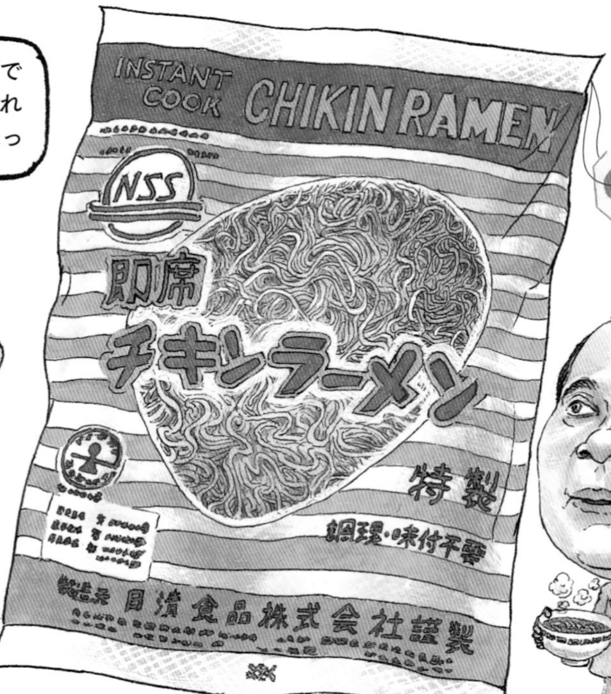

保存《ほぞん》できて、お湯さえあればすぐに食べられるよ

安藤百福《あんどうももふく》
1910～2007

世界ではじめてインスタントラーメンを作った。

スイッチ一つで

1
なんでもそろうね
2
あの子同じ名前だ!!
ご先祖様かな?
昔はたいへんだったな…
こぼんちゃん お風呂 わかして
は〜い
3
電気やガスが通ったおかげでもあるんだよ
いまはスイッチ一つでなんでもできるんだね
オフロヲ ワカシマス
はーい
ピッ!!
オソウジハジメマス
こぼんちゃん お風呂 わかして
4
食べ物も進化したよ
カレー
5
かんたんに作れるだけじゃなく、保存《ほぞん》できて持ち運べるから、遠いところにも持っていける
誰ですか?!
災害《さいがい》のときにも助かるね
あっ…

レーダー：遠くの物体に電波を当てて、反射《はんしゃ》する波を測定《そくてい》し、距離《きょり》や方向を知る装置《そうち》。　マイクロ波《は》：電波の一つで、波長《はちょう》がとても短いもの。

安藤百福《あんどうももふく》の実験室《じっけんしつ》

家の裏庭《うらにわ》に研究小屋を建《た》てて、お湯さえあればすぐに食べられるラーメンの開発に、1年間1日も休まずとりくんだ。

発明のきっかけは、太平洋戦争《たいへいようせんそう》が終わったあとの、大阪《おおさか》の闇市《やみいち》の光景《こうけい》だった。寒い夜にもかかわらずラーメンの屋台《やたい》に並《なら》ぶ人びとの長い列と、温かいラーメンを食べて幸せそうにほころぶ顔が、安藤百福《あんどうももふく》の目に焼《や》きついたんだ。

これだ！
すり鉢《ばち》とすりこぎ
やかん
じょうご
ふきん
はし
どんぶり鉢《ばち》
スプーン
ニワトリ小屋
皿《さら》
ちゃわん
コップ
たわし
安藤仁子《あんどうまさこ》
ニワトリ
アイデアを
書きとめたメモ
自転車
めん
せっけん
たらい
冷蔵庫《れいぞうこ》
流し台
と石
試食用《ししょくよう》どんぶり鉢《ばち》
ペン立て
ラーメンに
関する本
湯のみ
えんぴつ
味見用の小皿《こざら》
消しゴム
めん
すのこだな
メモ用紙
調合《ちょうごう》ノート
材料《ざいりょう》が入った
段《だん》ボール箱《ばこ》
机《つくえ》
めん
ほうき
安藤百福《あんどうももふく》
いす
ごみ箱《ばこ》
ちりとり

インスタントラーメンの開発は、わからないことだらけで苦労《くろう》の連続《れんぞく》だった。研究を重ねて一つひとつ乗りこえていったんだけど、最後《さいご》に残《のこ》ったのが、めんをかんそうさせる方法《ほうほう》だった。

長く保存《ほぞん》できて、お湯をかけるとできたてのおいしさにもどるようにするには、どんな方法《ほうほう》でかんそうさせればよいかわからなかったんだ。なやんだすえに思いついたのが、油《あぶら》であげることだった。

闇市《やみいち》:70年以上前、太平洋戦争《たいへいようせんそう》であちこちの町が爆撃《ばくげき》され、焼けあとに物を勝手に売り買いする市場《いちば》ができた。その市場《いちば》のこと。太平洋戦争《たいへいようせんそう》の最中《さいちゅう》や敗戦後《はいせんご》は物が不足《ふそく》し、国が物を売り買いするルールを決めたが、そのルールを無視《むし》して売るので「闇《やみ》」と呼んだ。

安藤百福《あんどうももふく》の 発明のタネ

それは……

夕ごはんのてんぷら

めんをかんそうさせる方法《ほうほう》が見つからずになやんでいたある日、妻《つま》が台所でてんぷらをあげているのを見て、ひらめいた。

ふむ…油《あぶら》であげると、衣《ころも》の水分が蒸発《じょうはつ》して、サクサクになるんだな…
めんも、天ぷらみたいに油《あぶら》であげればいいかも！

めんを油《あぶら》であげると、油《あぶら》の熱で水分が一気《いっき》に外へはじき出され、小さな穴《あな》がたくさんあく。こうしてかんそうさせためんにお湯をかけると、穴《あな》からお湯がしみこんで短時間でやわらかくなるんだ。

湯
湯
湯
湯
スポンジと同じだよ

アイデアのヒントは、いつも身のまわりにころがっているんだよ

作って試《ため》して失敗《しっぱい》してをくり返した1年間

めん作りについてまったくの素人《しろうと》だったから、すべてが手探《てさぐ》りで、山のような試作品《しさくひん》を作っては捨《す》てる毎日が続《つづ》いたんだ。

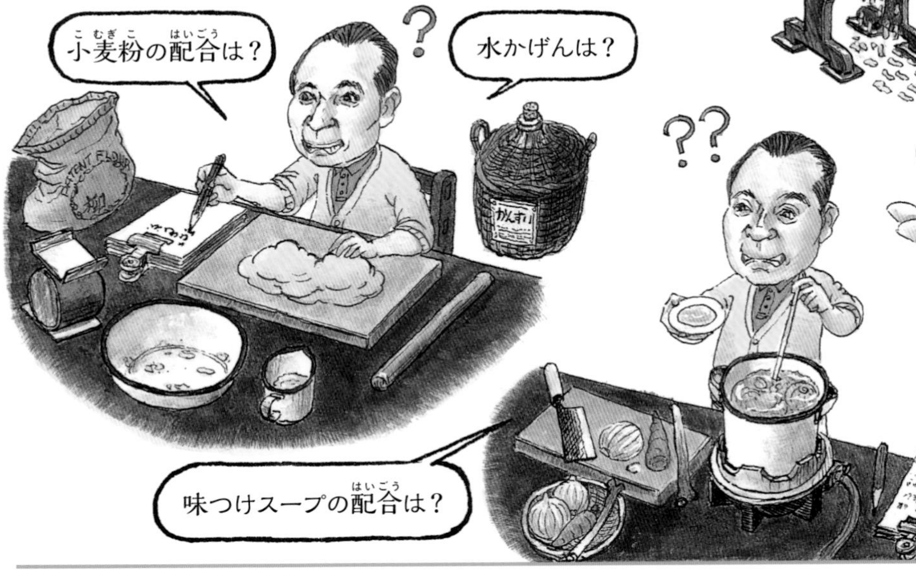
小麦粉《こむぎこ》の配合《はいごう》は？
水かげんは？
??
味つけスープの配合《はいごう》は？

ちぎれてしまう！
???

だめだ！ ボソボソだ！
すご〜い!!
パチ
パチ
パチ
パチ

材料《ざいりょう》の組み合わせや分量《ぶんりょう》、かんそうさせる温度や時間などを少しずつ変えて、数字を細かくメモしながら実験《じっけん》をくり返し、ようやく理《り》想的《そうてき》な配合《はいごう》にたどり着いたんだ。

おいしいものをいつでもどこでも

食べ物にもたくさんの発明があった。作物や家畜《かちく》を育てる方法《ほうほう》や調理する方法《ほうほう》が進化して、食事はゆたかになり、人口もふえていったんだ。

はらペコだ…
今日は獲物《えもの》がない…
かみきれない！
12000年前
農業をはじめた
自分で育てよう！
もっとたくさんとれないかな
畑仕事はきついなあ
100万年前
火を使い出した
おいしい！
いつでもおいしく食べたい
火を自由に使えたらなあ…
品種改良《ひんしゅかいりょう》をはじめた
よく実ったほうを次に植えよう
農具を発明した
こりゃ便利《べんり》だな
食べ物を保存《ほぞん》する方法《ほうほう》を考えた
くさりにくいし、けっこうおいしいよ
かまどを発明した
だいぶ便利《べんり》になったね
20世紀《せいき》
細胞《さいぼう》や遺伝子《いでんし》に手を加えるんだ
ラクチン！いちどにかたづくよ！
19世紀《せいき》
缶《かん》づめを発明した
ガラスびんに食べ物を入れて、熱湯《ねっとう》につけて殺菌《さっきん》したんだ
アペール
18世紀《せいき》
ガスコンロを発明した
スイッチ一つで火がついた！
わしは干物!!
ボクはカップめん!!
20世紀《せいき》
レトルト食品を発明した
いつでも作りたてのおいしさだ！
カレー
ハンバーグ
20世紀《せいき》
家庭用の電気冷蔵庫《れいぞうこ》を発明した
20世紀《せいき》
電子《でんし》レンジを発明した
火がなくても料理《りょうり》できるよ
スペンサー

火の利用《りよう》：人間がいつ火を利用《りよう》しはじめたかについては、いろんな説《せつ》がある。日常的《にちじょうてき》に利用《りよう》しはじめた証拠《しょうこ》は、12万年前の遺跡《いせき》から見つかっている。　品種改《ひんしゅかい》良《りょう》：作物や家畜《かちく》を、人間に役立つ品種《ひんしゅ》になるように手を加えること。　遺伝子《いでんし》：体を作る設計図《せっけいず》のようなもの。細胞《さいぼう》一つひとつに入っている。

地球の未来《みらい》のために

海や大気《たいき》がよごれたり、異常《いじょう》な気候《きこう》が続《つづ》いたり、地球で心配なことが起こっている。自分のためだけじゃなく、これから生まれてくる人のためにも、どんな発明ができるだろう。

伝染病《でんせんびょう》を撃退《げきたい》!

病原体《びょうげんたい》をあらかじめ体に入れて、抵抗《ていこう》力をつけるんだ

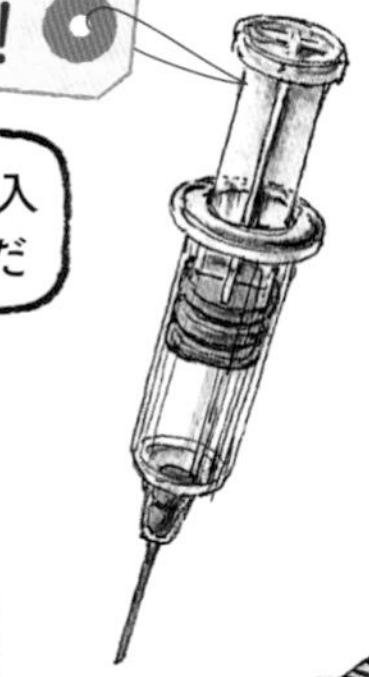

ジェンナー
1749〜1823

伝染病《でんせんびょう》を引き起こす細菌《さいきん》を見つけ、予防接種《よぼうせっしゅ》で防《ふせ》げることを発見した。

地球が温暖化《おんだんか》!

太陽の熱《ねつ》がこもるかもしれない…

アレニウス
1859〜1927

二酸化炭素《にさんかたんそ》がふえると地球が温暖化《おんだんか》することを明らかにした。

水をきれいに

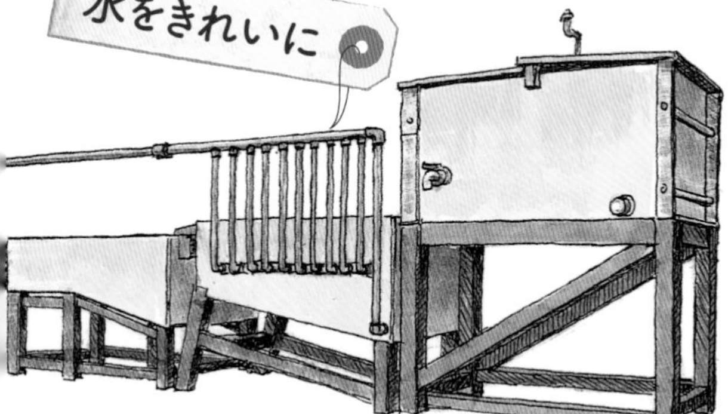

これで町がきれいになるよ
アーダーン
ロケット

アーダーンとロケット
1882〜1951　1886 〜1960

よごれた水を微生物《びせいぶつ》できれいにする装置《そうち》を発明した。

自然《しぜん》をこわさない

沈黙の春
レイチェル
カーソン

小さな生き物が生きられない地球は、人間も生きられないのよ

カーソン
1907〜1964

化学物質《ぶっしつ》をむぞうさに使っていると、土や水の中の小さな生き物が死に絶《た》えてしまうことを、はじめて警告《けいこく》した。

有害《ゆうがい》な物質《ぶっしつ》をへらす

モリーナ
ローランド
フロンガスを使わない冷蔵庫《れいぞうこ》やスプレー缶《かん》が世界に広まって、オゾン層《そう》がもどってきたよ

モリーナとローランド
1943〜2020　1927〜2012

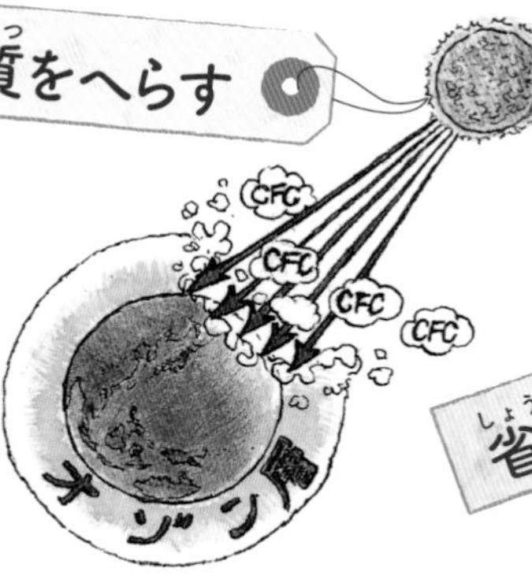
CFC
CFC
CFC
CFC
オゾン層

地球を紫外線《しがいせん》から守《まも》っているオゾン層《そう》が、フロンガスで破壊《はかい》されることを発見した。

省《しょう》エネ

地球温暖化《おんだんか》の防止《ぼうし》にも役立つよ
それに、安い材料《ざいりょう》で作れるんだ
赤﨑《あかさき》勇《いさむ》
中村《なかむら》修二《しゅうじ》

赤﨑《あかさき》勇《いさむ》と中村《なかむら》修二《しゅうじ》
1929〜　1954〜

省《しょう》エネでしかも明るい、ＬＥＤ《エルイーディー》というあかりを発明した。

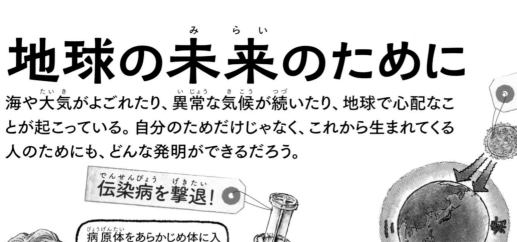

解決《かいけつ》するのはわたしたち

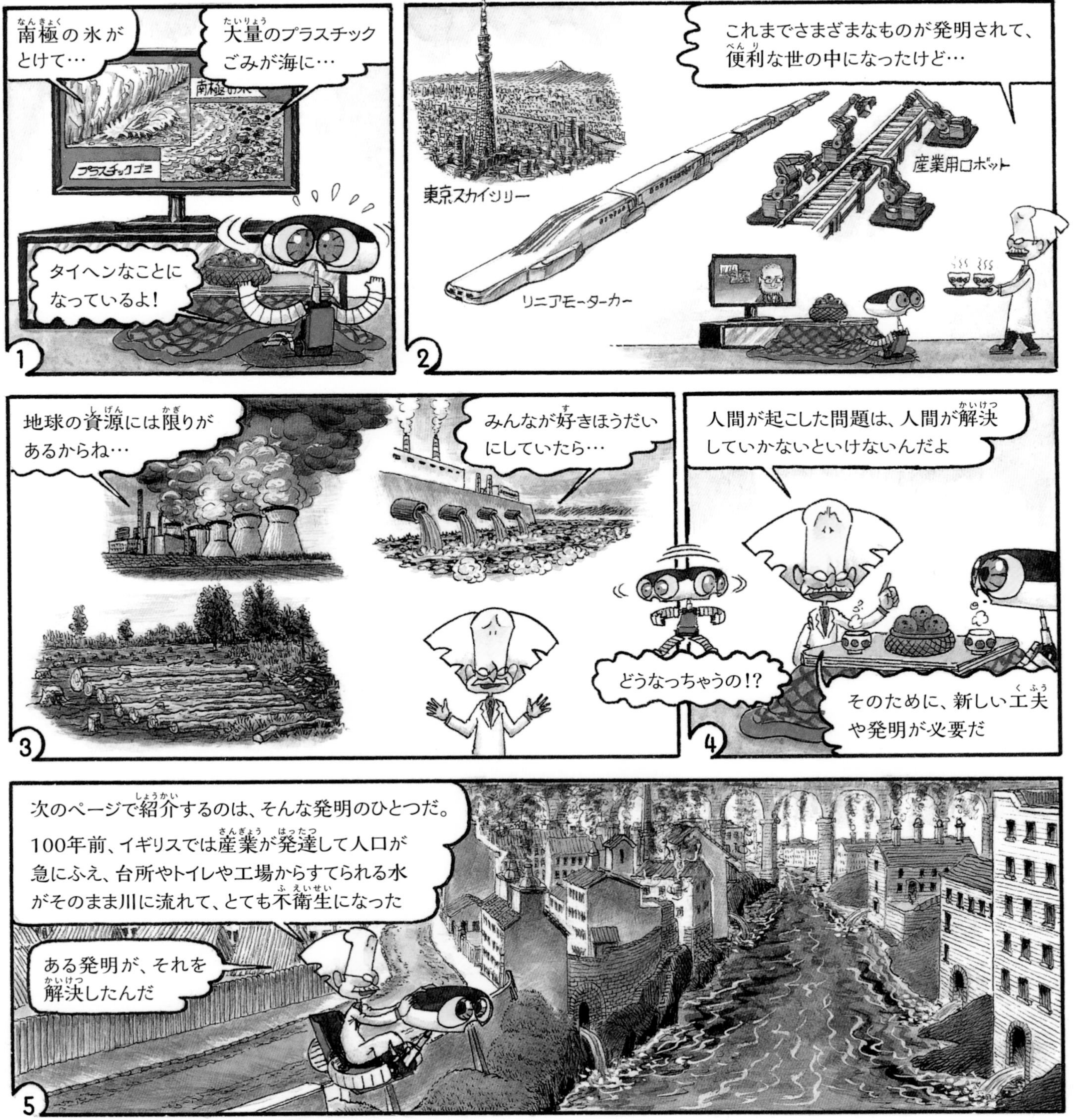
南極《なんきょく》の氷がとけて…
大量《たいりょう》のプラスチックごみが海に…
プラスチックゴミ
タイヘンなことになっているよ！
これまでさまざまなものが発明されて、便利《べんり》な世の中になったけど…
東京スカイツリー
産業用ロボット
リニアモーターカー
地球の資源《しげん》には限《かぎ》りがあるからね…
みんなが好《す》きほうだいにしていたら…
どうなっちゃうの!?
人間が起こした問題は、人間が解決《かいけつ》していかないといけないんだよ
そのために、新しい工夫《くふう》や発明が必要だ
次のページで紹介《しょうかい》するのは、そんな発明のひとつだ。
100年前、イギリスでは産業《さんぎょう》が発達《はったつ》して人口が急にふえ、台所やトイレや工場からすてられる水がそのまま川に流れて、とても不衛生《ふえいせい》になった
ある発明が、それを解決《かいけつ》したんだ

病原体《びょうげんたい》：病気を引き起こす微生物《びせいぶつ》などをさす。　地球温暖化《おんだんか》：地球の表面をおおう大気や海の温度が、高くなっていくこと。　微生物《びせいぶつ》：目に見えないくらい小さな生き物。　紫外線《しがいせん》：可視光線《かしこうせん》（目に見える光）よりも波長《はちょう》が短い光。紫外線《しがいせん》がふえると、人体に悪い影響《えいきょう》をもたらす。　オゾン層《そう》：地上からおよそ20キロメートル上にあるうすい空気の層《そう》。宇宙《うちゅう》から降《ふ》り注ぐ有害《ゆうがい》な紫外線《しがいせん》を吸収《きゅうしゅう》するので、地上の生き物が生きていける。　フロンガス：オゾン層《そう》を破壊《はかい》する物質《ぶっしつ》。冷蔵庫《れいぞうこ》やエアコンなどに使われていたが、2030年までにいっさい使わないようにすることが国際的《こくさいてき》に決められた。

アーダーンとロケットの実験室《じっけんしつ》

空気と微生物《びせいぶつ》で水をきれいにする装置《そうち》を発明した。2人が考えたこのしくみは、いまでも世界中の浄水場《じょうすいじょう》で使われている。

よごれた水に空気をブクブクふきこむと、ドロのようなものが底《そこ》にしずみ、上ずみがきれいになる。2人は、このドロに微生物《びせいぶつ》のヒミツがあると考え、こんな装置《そうち》を手作りして実験《じっけん》したんだ。
ロケット
分電盤《ぶんでんばん》
外で実験《じっけん》してるの？
空気を送るパイプ
沈殿《ちんでん》タンク
（散気《さんき》タンクから上ずみがゆっくり流れ込み、まだ残っているドロがしずんでさらにきれいになる）
沈殿池《ちんでんち》
（きれいになった水をためる）
汚泥返送《おでいへんそう》パイプ
（沈殿《ちんでん》タンクにしずんだドロをもどして再利用《さいりよう》する）
散気《さんき》タンク
（空気がふきこまれ、ドロのかたまりがしずむ）
空気ポンプ
試験管《しけんかん》
うん。運んできた水はくさいからね…
散気装置《さんきそうち》の部品《ぶひん》
ろ紙《し》
FILTER PAPER
MADE IN ENGLAND
スポイド
シリンダー
机《つくえ》
金づち
ペンチ
薬品びん
NaOH
ビーカー

微生物《びせいぶつ》：目に見えないくらい小さな生き物。　浄水場《じょうすいじょう》：川や地下から流れてくる水をきれいにして、飲める水にする設備《せつび》。

アーダーンとロケットの発明のタネ

それは……

微生物《びせいぶつ》

底《そこ》にしずんだドロの正体は、微生物《びせいぶつ》だった。水の中にいるさまざまな微生物《びせいぶつ》が、よごれを食べて太り、仲間《なかま》とくっついて底《そこ》にしずむんだ。

2人は、こんなふうにまず手元の器具《きぐ》で実験《じっけん》してから、28ページのように、じっさいの下水処理《げすいしょり》に近い装置《そうち》で本格的《ほんかくてき》な実験《じっけん》を行ったんだ。

水がきれいになったのは、ドロにヒミツがあるみたいだよ
それに、しずんだドロは、また使えるね
コラッ
ゴボゴボ
さっきおやつ食べたやん
グッ

空気をブクブクすると水がきれいになるのは、微生物《びせいぶつ》が酸素《さんそ》で元気になるからなんだ。元気だと、よごれをどんどん食べてくれるのさ。

底《そこ》にたまった微生物《びせいぶつ》は、しばらくするとおなかがすいて、またよごれを食べてくれるんだよ。

微生物《びせいぶつ》の力はすごい！

川には自分できれいにする力がある。水中の微生物《びせいぶつ》が、よごれを食べてくれるおかげだ。

でも、よごれがひどすぎると追いつかなくなる。気をつけないとね。

よごれを食べてくれる微生物《びせいぶつ》は、200種類《しゅるい》もいるんだよ。

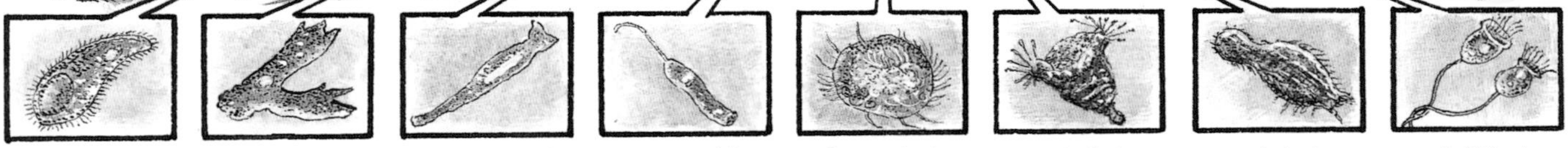

リトノツス　アメーバ　ひるがたわ虫　ふとひげ虫　水ひらた虫　アキネタ　いたち虫　つりがね虫

発明で地球を救《すく》おう

地球温暖化《おんだんか》の原因《げんいん》になっている二酸化炭素《にさんかたんそ》は、火力発電所から多く出ている。二酸化炭素《にさんかたんそ》が出ない発電方法《ほうほう》や、できるだけ電力を使わない製品《せいひん》を発明することは、地球のためにとても大事なんだ。

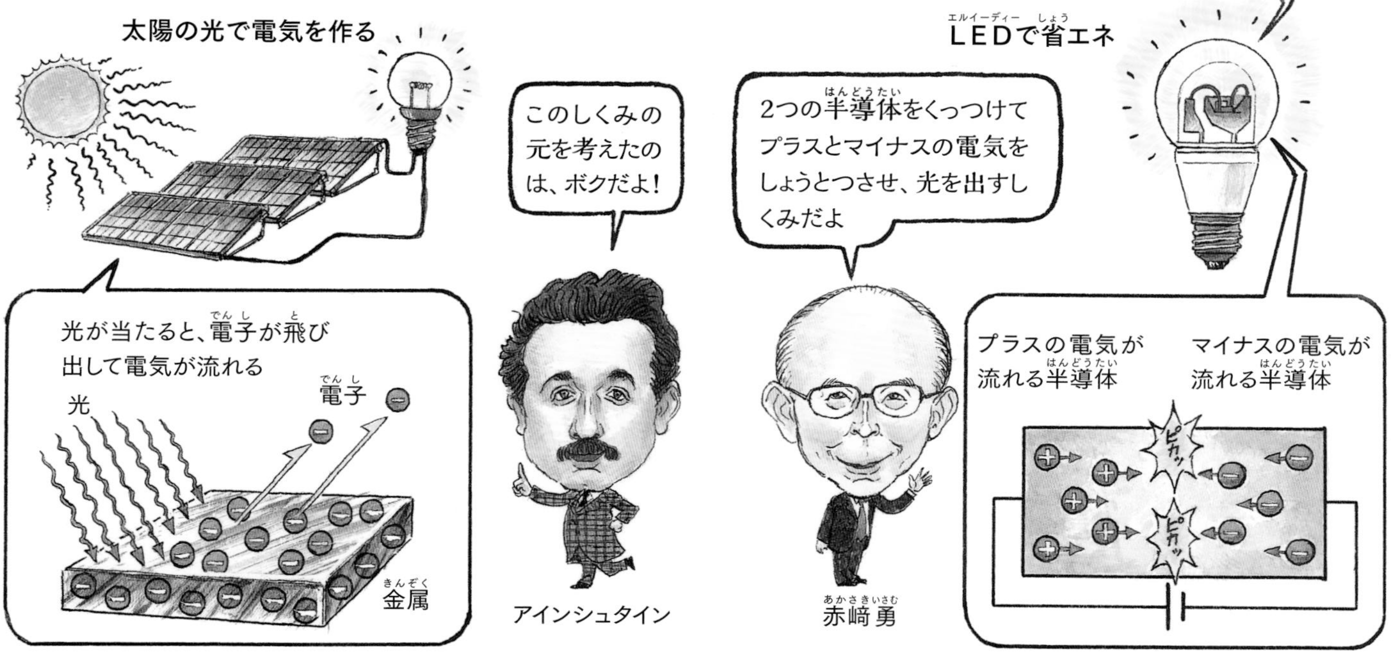
使う電力は、いままでの電球の5分の1！
太陽の光で電気を作る
光が当たると、電子《でんし》が飛《と》び出して電気が流れる
光
電子《でんし》
金属《きんぞく》
このしくみの元を考えたのは、ボクだよ！
アインシュタイン
2つの半導体《はんどうたい》をくっつけてプラスとマイナスの電気をしょうとつさせ、光を出すしくみだよ
赤﨑勇《あかさきいさむ》
LED《エルイーディー》で省《しょう》エネ
プラスの電気が流れる半導体《はんどうたい》
マイナスの電気が流れる半導体《はんどうたい》
ピカッ
ピカッ

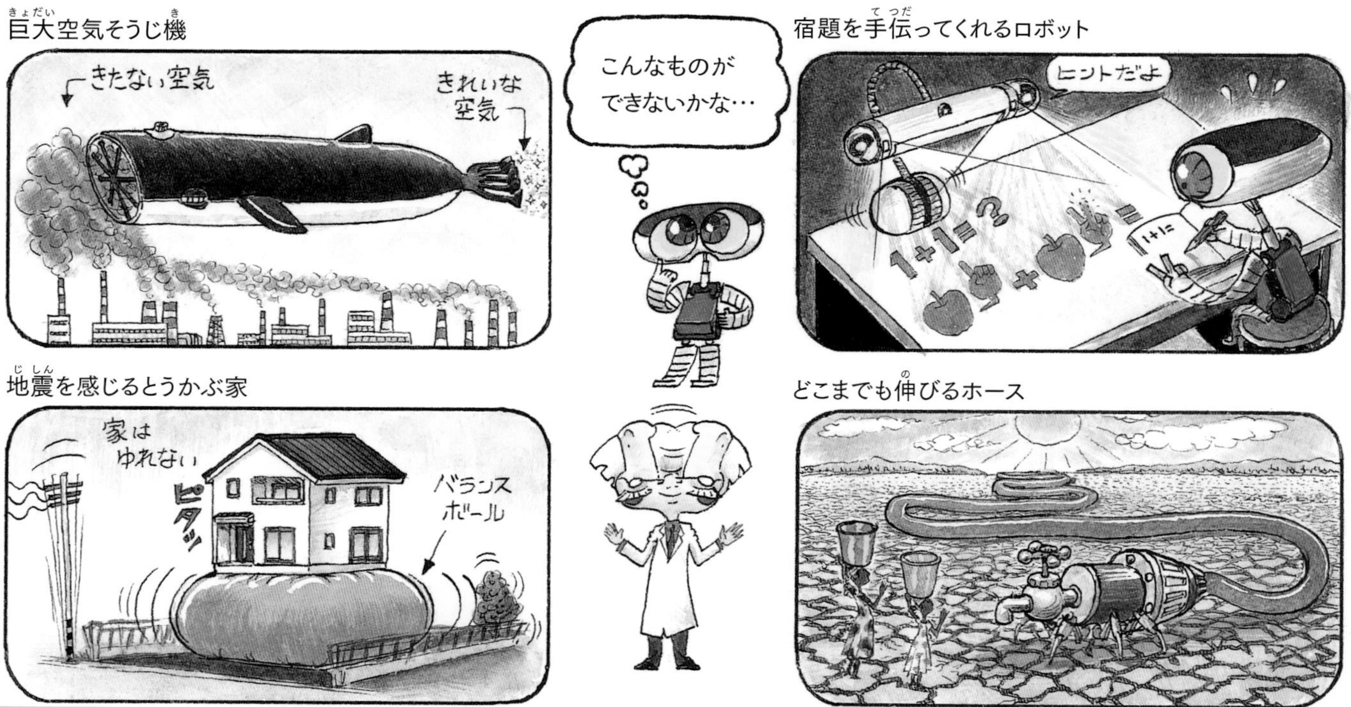
巨大《きょだい》空気そうじ機《き》
きたない空気
きれいな空気
こんなものができないかな…
宿題を手伝《てつだ》ってくれるロボット
ヒントだよ
地震《じしん》を感じるとうかぶ家
家はゆれない
ピタッ
バランスボール
どこまでも伸《の》びるホース

微生物《びせいぶつ》：目に見えないくらい小さな生き物。　地球温暖化《おんだんか》：地球の表面をおおう大気や海の温度が、高くなっていくこと。　電子《でんし》：原子《げんし》（すべての物質《ぶっしつ》のもとになっている小さな粒《つぶ》）の中にある、マイナスの粒《つぶ》。　半導体《はんどうたい》：電気が流れたり流れなかったりする物質《ぶっしつ》。

世紀《せいき》	15	16	17	18	19	
時代	鎌倉・室町 戦国時代		江戸《えど》時代			近現代《きんげんだい》

本書に登場する科学者 （ ）はページ

グーテンベルク
1398？～1468

印刷《いんさつ》技術《ぎじゅつ》を発明して、多くの人が本を読めるようになった。
（2,7）

スティーブンソン
1781～1848

世界ではじめて蒸気《じょうき》機関車《きかんしゃ》を走らせた。
（8）

エジソン
1847～1931

音を記録《きろく》して再生《さいせい》する装置《そうち》を発明した。
（2,5）

リュミエール兄弟
兄1862～1954
弟1864～1948

動く絵を大きなスクリーンに映《うつ》すことに成功《せいこう》した。
（2,4,6）

アペール
1749～1841

缶《かん》づめを発明した。
（25）

バベッジ
1791～1871

世界ではじめて、計算する機械《きかい》を作った。
（14）

リリエンタール
1848～1896

鳥を研究してハンググライダーを開発し、飛ぶ実験をくり返した。
（10）

ライト兄弟
兄1867～1912
弟1871～1948

世界ではじめて、エンジンで飛《と》ぶ飛行《ひこう》機《き》を発明した。
（8,10,12,13）

ブース
1871～1955

世界ではじめて電気そうじ機《き》を発明した。
（20）

ジェンナー
1749～1823

伝染病《でんせんびょう》を引き起こす細菌《さいきん》を見つけ、予防接種《よぼうせっしゅ》で防《ふせ》げることを発見した。
（26）

パーキンス
1766～1849

液体《えきたい》が蒸発《じょうはつ》して気体になるとき、まわりの熱《ねつ》をうばう性質《せいしつ》を利用《りよう》して、物を冷《ひ》やす装置《そうち》を開発し、冷蔵庫《れいぞうこ》の発明につなげた。
（20）

アレニウス
1859～1927

二酸化炭素《にさんかたんそ》がふえると地球が温暖化《おんだんか》することを明らかにした。
（26）

日本と世界の有名なできごと

一六〇三　徳川家康《とくがわいえやす》が江戸《えど》に幕府《ばくふ》をひらく
一六四一　鎖国《さこく》が完成《かんせい》する
一七七六　アメリカが建国される
このころからイギリスで産業革命《さんぎょうかくめい》がおこる
一八五一　ロンドンで第1回万国博覧会《ばんこくはくらんかい》が開かれる
一八五三　アメリカ海軍《かいぐん》のペリーが浦賀《うらが》に来航《らいこう》して開国をせまる
一八六八　明治維新《めいじいしん》がはじまる
一八七二　鉄道が開通する
一八七三　富国強兵政策《ふこくきょうへいせいさく》がはじまる
一八八九　大日本帝国憲法《だいにほんていこくけんぽう》が発布《はっぷ》される
一八九四　日清戦争《にっしんせんそう》がはじまる(～九五)
一八九六　第1回国際《こくさい》オリンピック大会がアテネで開かれる
一九〇一　ノーベル賞《しょう》が創設《そうせつ》される

ツィオルコフスキー
1857～1935

地球から飛《と》び出すために必要《ひつよう》なエネルギーを計算して、宇宙《うちゅう》に行けることを証明《しょうめい》した。
(8)

フォード
1863～1947

自動車の大量生産《たいりょうせいさん》に成功《せいこう》した。
(8)

ベアード
1888～1946

世界ではじめて、テレビに映像《えいぞう》を映《うつ》した。
(2)

ゴダード
1882～1945

ブラウン
1912～1977

ロケットを開発して、地球を回る人工衛星《じんこうえいせい》を打ち上げた。
(8)

シャノン
1916～2001

文字や音や絵を、0と1だけであらわすアイデアを思いついた。
(14)

スペンサー
1894～1970

電子レンジを発明した。
(20,25)

フィッシャー
1862～1947

電気自動せんたく機《き》を発明した。
(20)

アインシュタイン
1879～1955

太陽光発電の生みの親。光を粒《つぶ》の流れと考え、光が当たると電流が流れるしくみの発見につながった。
(31)

アーダーン
1882～1951

ロケット
1886 ～1960

よごれた水を微生物《びせいぶつ》できれいにする装置《そうち》を発明した。
(26,28,30)

チューリング
1912～1954

ノイマン
1903～1957

人間のような頭脳《ずのう》を持つ装置《そうち》を開発した。
(14)

安藤百福《あんどうももふく》
1910～2007

世界ではじめてインスタントラーメンを作った。
(20,22,24)

一九〇四　日露戦争《にちろせんそう》がはじまる(～〇五)

一九一四　第一次《だいいちじ》世界大戦《たいせん》がはじまる(～一八)

一九二〇　国際連盟《こくさいれんめい》が発足《ほっそく》する

一九二二　ソビエト社会主義《しゅぎ》共和国連邦《きょうわこくれんぽう》(ソ連)が成立《せいりつ》する

一九三一　満州事変《まんしゅうじへん》がおこる

一九三九　第二次世界大戦《だいにじせかいたいせん》がはじまる(～四五)

一九四一　太平洋戦争《たいへいようせんそう》がはじまる(～四五)

一九四五　広島《ひろしま》と長崎《ながさき》に原子爆弾《ばくだん》が落とされる

一九四五　国際連合《こくさいれんごう》が発足《ほっそく》する

一九四六　日本国憲法《にほんこくけんぽう》が公布《こうふ》される

一九五〇　朝鮮戦争《ちょうせんせんそう》がはじまる(～五三)

一九五七　ソ連が世界初の人工衛星《じんこうえいせい》を打ち上げる

高度経済成長《こうどけいざいせいちょう》がはじまる

世紀《せいき》	20	21
時代	近現代《きんげんだい》	

本書に登場する科学者 （ ）はページ

ハイルマイヤー
1936〜2014

うすくて軽い画面「液晶《えきしょう》ディスプレイ」を発明した。
（2）

ビル・ゲイツ
1955〜

ジョブズ
1955〜2011

コンピューターをかんたんに操作《そうさ》する方法《ほうほう》を開発した。
（14,16,18）

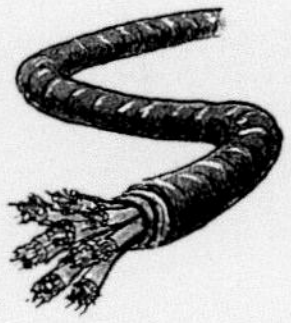

光ファイバー
1970〜

光の電線。たくさんの情報《じょうほう》をすばやく運ぶ。
（14）

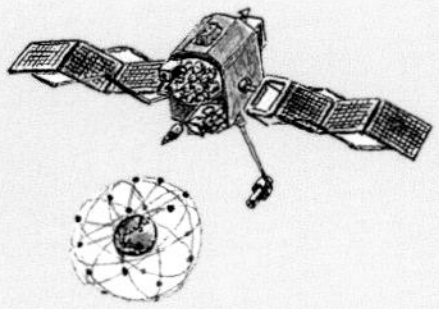

GPS《ジーピーエス》
1993〜

人工衛星《じんこうえいせい》のネットワークで地球を見張《みは》っている。
（14）

カーソン
1907〜1964

化学物質《ぶっしつ》をむぞうさに使っていると、土や水の中の小さな生き物が死に絶《た》えてしまうことを、はじめて警告《けいこく》した。
（26）

アレン
1953〜2018

ビル・ゲイツの親友で、ゲイツとともに研究を重ねた。
（16）

Google《グーグル》 1998〜
Apple《アップル》 1976〜
Facebook《フェイスブック》 2004〜
Amazon《アマゾン》 1994〜

GAFA《ガーファ》

グーグル（Google）、アップル（Apple）、フェイスブック（Facebook）、アマゾン（Amazon）の4つの会社のことで、インターネットを使ったさまざまなサービスを開発した。
（14）

モリーナ
1943〜2020

ローランド
1927〜2012

地球を紫外線《しがいせん》から守《まも》っているオゾン層《そう》が、フロンガスで破壊《はかい》されることを発見した。
（26）

赤﨑 勇《あかさきいさむ》
1929〜

中村 修二《なかむらしゅうじ》
1954〜

省《しょう》エネでしかも明るい、LED《エルイーディー》というあかりを発明した。
（26,31）

日本と世界の有名なできごと

- 一九六一　ベルリンの壁《かべ》が作られる
- 一九六四　オリンピック東京大会が開かれる
- 一九六五　ベトナム戦争《せんそう》がはげしくなる（〜七五）
- 一九六七　ECが発足《ほっそく》する
- 一九六九　アメリカのアポロ11号が月面着陸《げつめんちゃくりく》に成功《せいこう》する
- 一九七二　日中共同声明《にっちゅうきょうどうせいめい》に調印《ちょういん》し、日本と中国の国交《こっこう》が正常化《せいじょうか》する
- 一九八六　ソ連《れん》のチェルノブイリ原子力発電所《げんしりょくはつでんしょ》で爆発事故《ばくはつじこ》がおこる
- 一九八九　ベルリンの壁《かべ》がこわされる
- 一九九〇　東西ドイツが統一《とういつ》される
- 一九九一　ソ連《れん》が解体《かいたい》する
- 一九九三　EUが発足《ほっそく》する
- 一九九五　阪神《はんしん》・淡路大震災《あわじだいしんさい》がおこる
- 二〇〇一　アメリカで同時多発《どうじたはつ》テロがおこる
- 二〇〇三　イラク戦争《せんそう》がおこる
- 二〇一一　東日本大震災《ひがしにほんだいしんさい》がおこる

さくいん

この本では、科学者たちの実験室《じっけんしつ》を再現《さいげん》するために、世界中のたくさんの資料《しりょう》を探《さが》し回って調べたんだ。
それでも調べがつかなかったことは、その時代のようすから考えて想像《そうぞう》したんだよ。ちょっとした遊びゴコロも入れてね

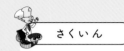

佐藤文隆（さとう　ふみたか）　編著

1938年山形県白鷹町生まれ。1960年京都大学卒、京都大学名誉教授、元湯川記念財団理事長。宇宙物理、一般相対論の理論物理学を専攻。著書に『宇宙物理への道』『湯川秀樹が考えたこと』（ともに岩波ジュニア新書）など一般書多数。

くさばよしみ　著

京都市生まれ。京都府立大学卒。編集者。編・著書に『世界でいちばん貧しい大統領のスピーチ』『地球を救う仕事全6巻』（ともに汐文社）、『おしごと図鑑シリーズ』（フレーベル館）『科学にすがるな』（岩波書店）ほか。

たなべたい　絵

京都市生まれ。京都精華大学美術学部デザイン学科マンガ分野、同大学院美術研究科諷刺画分野修了。大学2回生で漫画家デビュー後、漫画や似顔絵の分野で活動。2007年、第28回読売国際漫画大賞近藤日出造賞受賞。

デザイン：上野かおる・中島佳那子（鷺草デザイン事務所）

協　　力：日清食品ホールディングス株式会社
　　　　　楠本光秀（NPO法人水澄 副理事長）
　　　　　Nigel Horan

潜入《せんにゅう》！　天才科学者の実験室《じっけんしつ》

④世紀の発明はここで生まれた！

――ビル・ゲイツほか

2020年11月　初版第1刷発行

編著……………佐藤文隆
著………………くさばよしみ
絵………………たなべたい
発行者…………小安宏幸
発行所…………株式会社汐文社
〒102-0071
東京都千代田区富士見1-6-1
TEL 03-6862-5200　FAX 03-6862-5202
https://www.choubunsha.com
印刷……………新星社西川印刷株式会社
製本……………東京美術紙工協業組合

ISBN978-4-8113-2676-4